小神童·科普世界系列

揭秘工程

刘宝恒◎编著

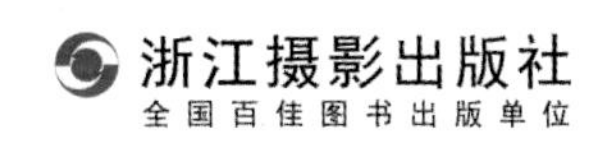
浙江摄影出版社
全国百佳图书出版单位

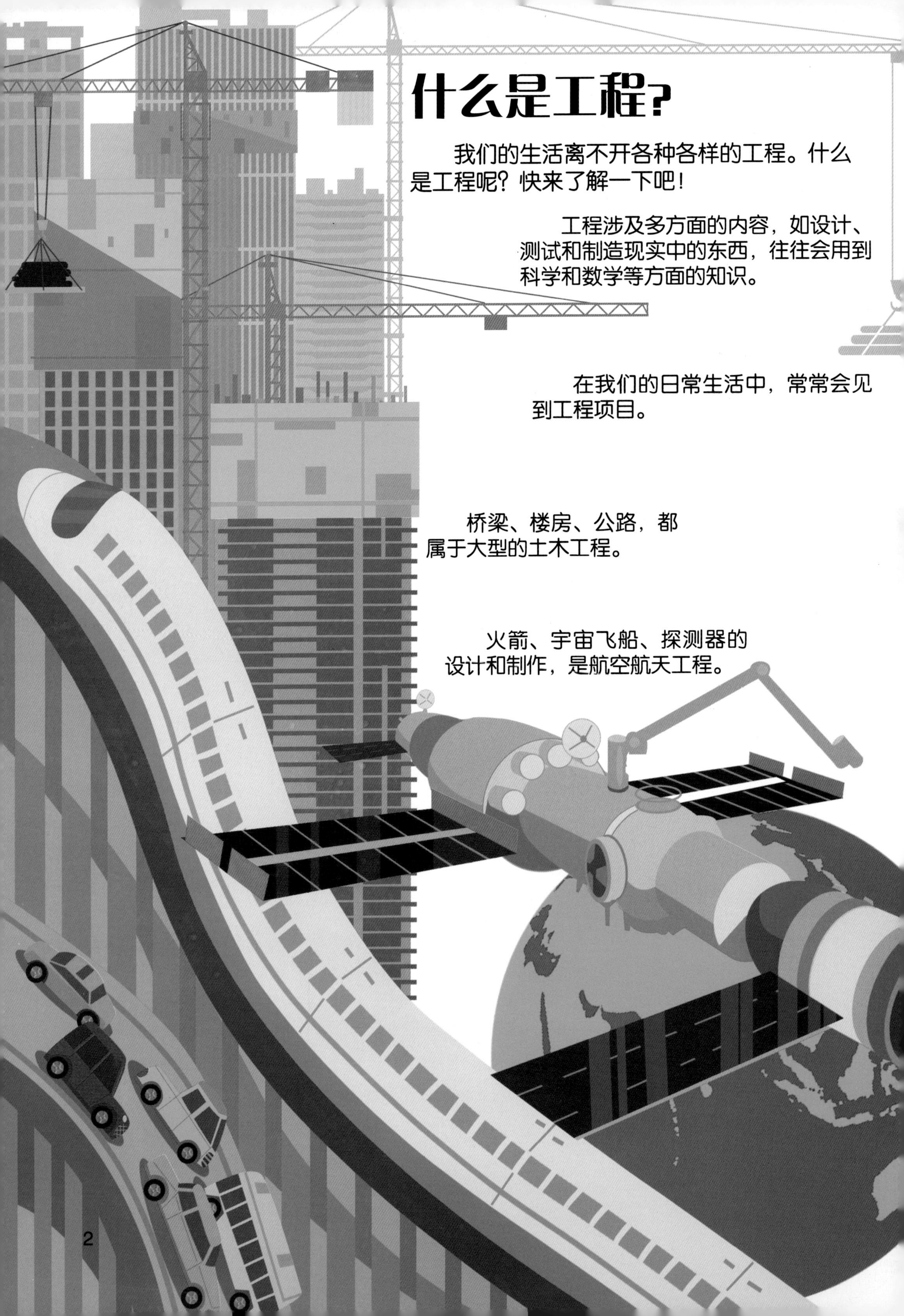

什么是工程?

我们的生活离不开各种各样的工程。什么是工程呢？快来了解一下吧！

工程涉及多方面的内容，如设计、测试和制造现实中的东西，往往会用到科学和数学等方面的知识。

在我们的日常生活中，常常会见到工程项目。

桥梁、楼房、公路，都属于大型的土木工程。

火箭、宇宙飞船、探测器的设计和制作，是航空航天工程。

自行车等机械的设计和改进，是有趣的机械工程。
原来，工程无处不在！
工程的设计离不开工程师。工程师的脑袋里，不仅要有丰富的知识，还需要有很棒的想象力！
工程，让我们的生活更方便、更有趣。有些重大的工程，甚至可以改变世界呢！
E=½mv²
e^iπ+1=0
聚变工程：可控核聚变工程可以解决人类的能源问题。
反应堆里面装着一个“人造太阳”。
中国聚变工程实验堆

工程师们做什么？

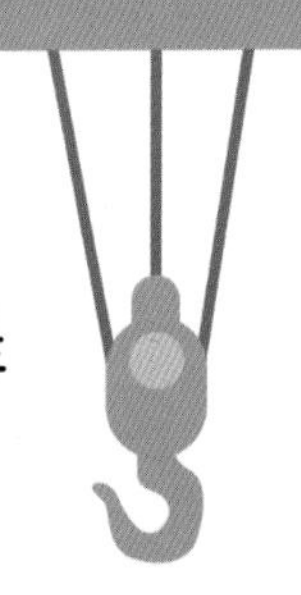

工程师是个有趣的职业。你知道工程师的工作是什么吗？要成为工程师，又有哪些要求呢？

工程师可厉害啦！他们通过设计各种工程产品来解决大大小小的问题，为人类做贡献。

长征九号运载火箭

大到飞向太空的火箭，小到放入心脏的“小零件”，都需要工程师们大展身手！

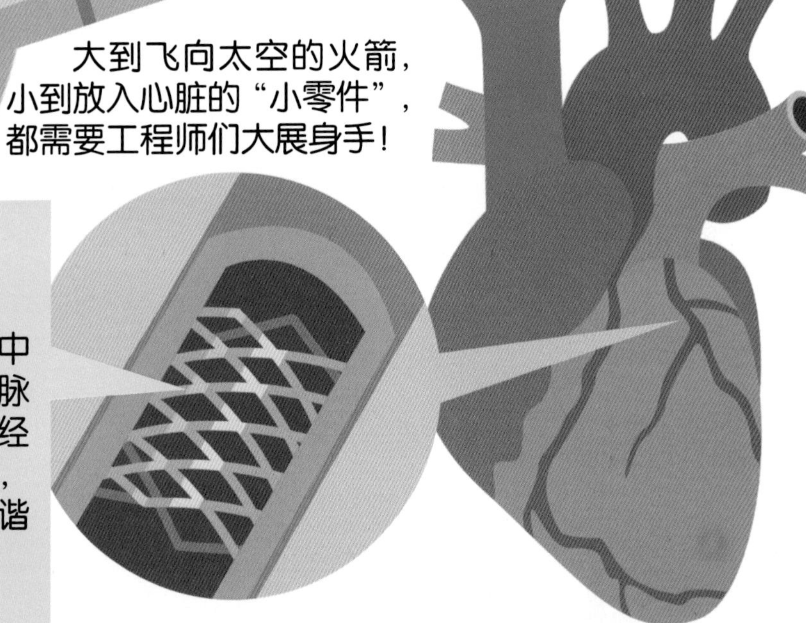

心脏支架

心脏支架是心脏介入手术中常用的医疗器械，具有疏通动脉血管的作用。支架设计工程师经过不懈努力，解决了种种难题，终于成功地生产出能与人体和谐共处的心脏支架。

工程师们会提出许多问题，然后通过这些问题找准定位。

1. 这时，他们会插上想象的翅膀，想出各种有趣的方案。

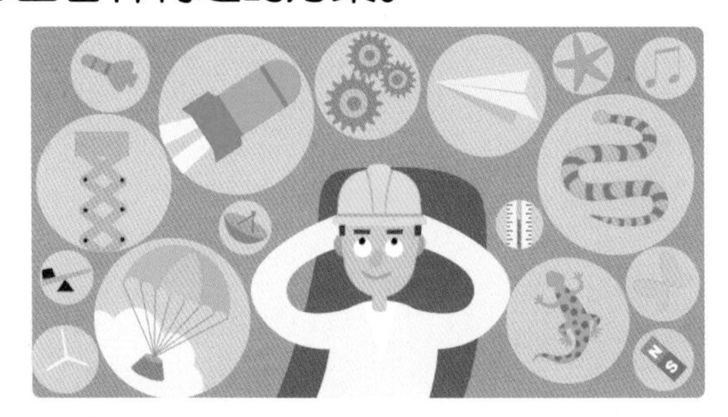

2. 在想象的方案中，他们会找出最满意的那一个，对它进行完善。

3. 然后，他们会对完成的方案进行测试。

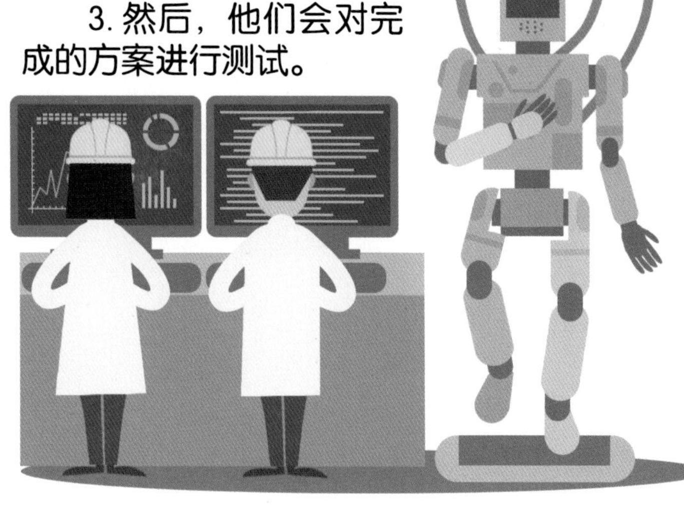

4. 经过一系列的努力，成品终于打造完成啦！

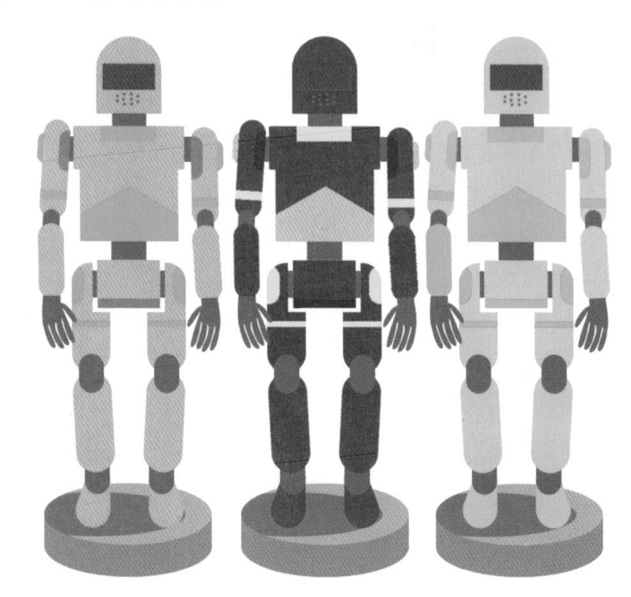

想成为一名优秀的工程师，有哪些要求呢？

首先，工程师的工作很复杂，需要数学、物理等科学知识做“武器”。工程师们还要有丰富的想象力，才能设计出新颖的东西。千万别忘记，工程师大多需要团队合作，所以协同工作的能力可不能丢呀！

有趣的机械工程

欢迎来到机械世界！在这里，你能见到大大小小的机械工程。

无论是简单的小工具，还是壮观的大机器，都属于有趣的机械工程。

机械工程师是机械世界的“造物神”，他们创造出了各种机械工程。

我可以创造出各种机械，提高生产力噢！

瞧，斜面运输可以帮助人们节省力气。

运输重物的斜面，就是一种简单的机械工程。

瞧，有的杠杆可以帮助人们节省力气。

瞧！石头被我撬动了。
太……重……了……

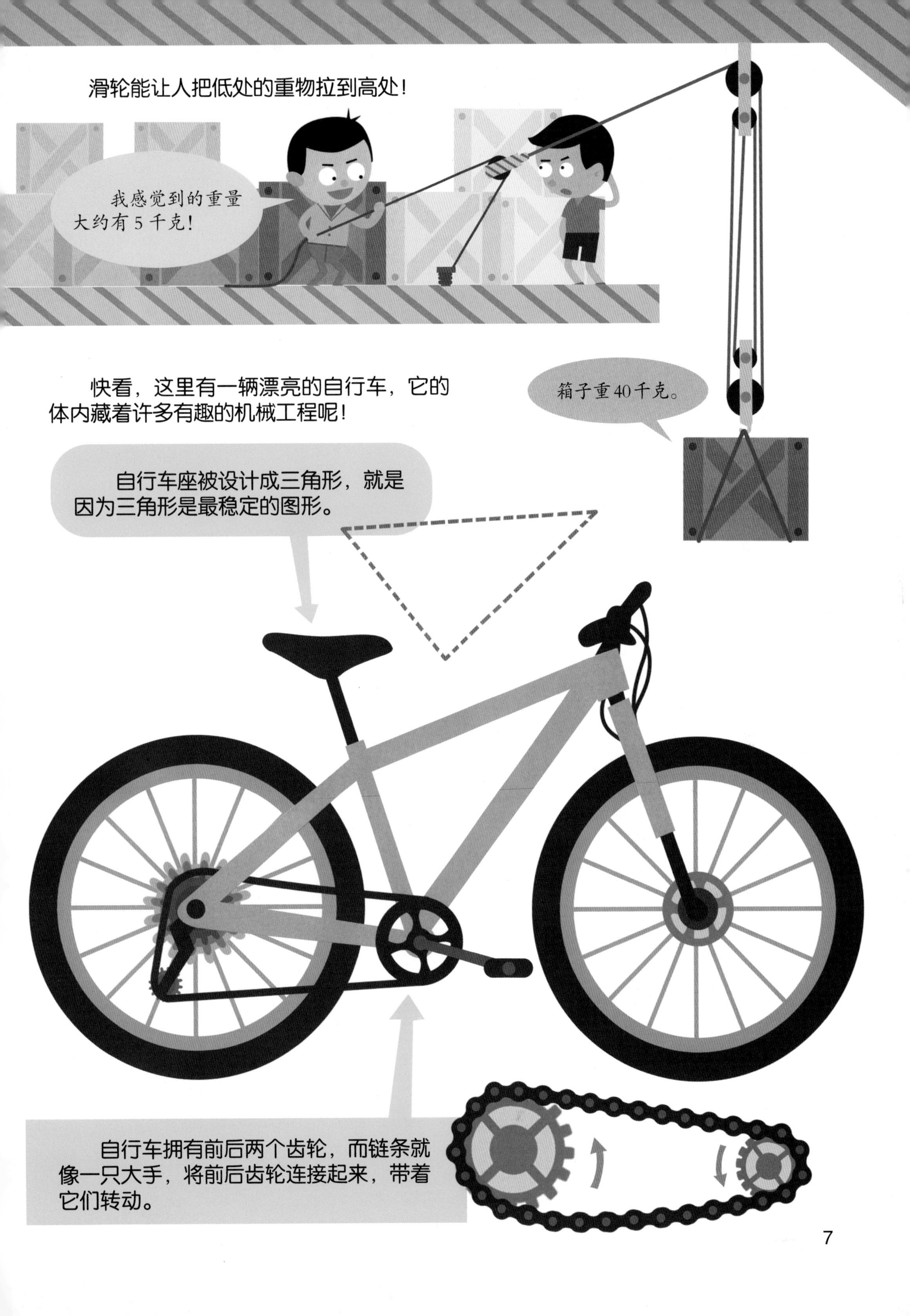
滑轮能让人把低处的重物拉到高处！
我感觉到的重量大约有5千克！
箱子重40千克。
快看，这里有一辆漂亮的自行车，它的体内藏着许多有趣的机械工程呢！
自行车座被设计成三角形，就是因为三角形是最稳定的图形。
自行车拥有前后两个齿轮，而链条就像一只大手，将前后齿轮连接起来，带着它们转动。

大型的土木工程

长长的桥梁、高高的大楼、壮阔的机场……这些都是大型的土木工程，承载着工程师们的心血。

土木工程往往体量大、耗时长。土木工程师们需要负责设计、建造和施工。

下面，让我们通过著名的建筑，来了解一下土木工程吧！

北京的大兴国际机场，就像一个科技感十足的“海星”。

为了建造这项大工程，工程师们实现了多项技术的突破，比如首创了层间隔震技术。

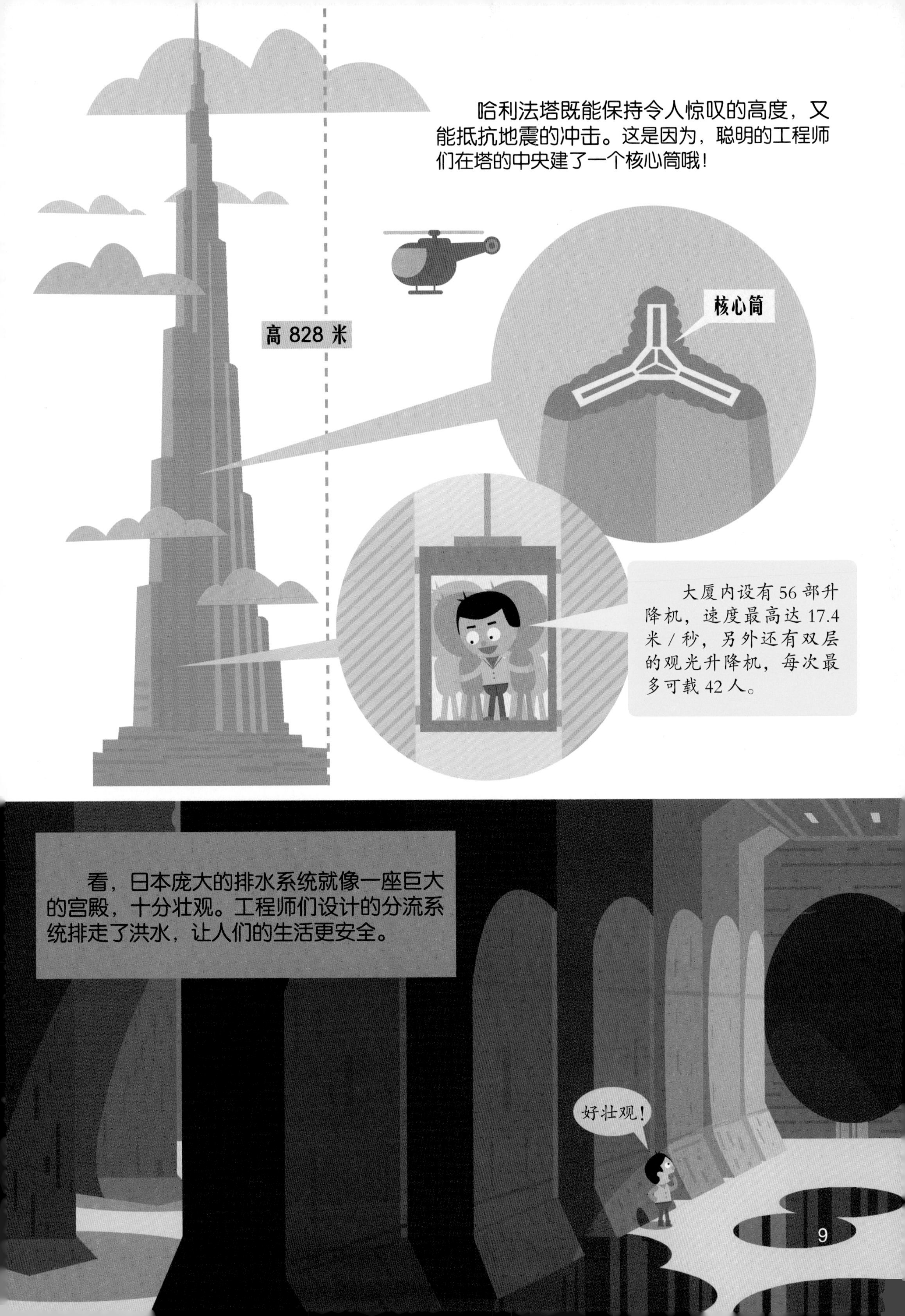
哈利法塔既能保持令人惊叹的高度，又能抵抗地震的冲击。这是因为，聪明的工程师们在塔的中央建了一个核心筒哦！
高 828 米
核心筒
大厦内设有 56 部升降机，速度最高达 17.4 米 / 秒，另外还有双层的观光升降机，每次最多可载 42 人。
看，日本庞大的排水系统就像一座巨大的宫殿，十分壮观。工程师们设计的分流系统排走了洪水，让人们的生活更安全。
好壮观！

重要的环境工程

环境工程师们会研究和开发新技术，让地球的环境变得更好。

这些“大风车”叫风力涡轮机，它们利用大风来发电。

太阳能电池板，能够把太阳能转化成电能。

当没有风和太阳时，这种新型电池能为我们提供电能。

你知道吗？牛羊的粪便可以用于制造沼气，沼气也是一种清洁燃料。

电动汽车不燃油，也不排废气，非常环保。
废水经过处理再排放，就不会污染环境。
收集起来的雨水，可以用来浇花。
降解环保袋
一般的塑料需要上百年才能分解完，但可降解塑料袋一年内就可以消失。

多样的水利工程

运河、水渠、堤坝……各种各样的水利工程，让河流湖泊造福着人类。

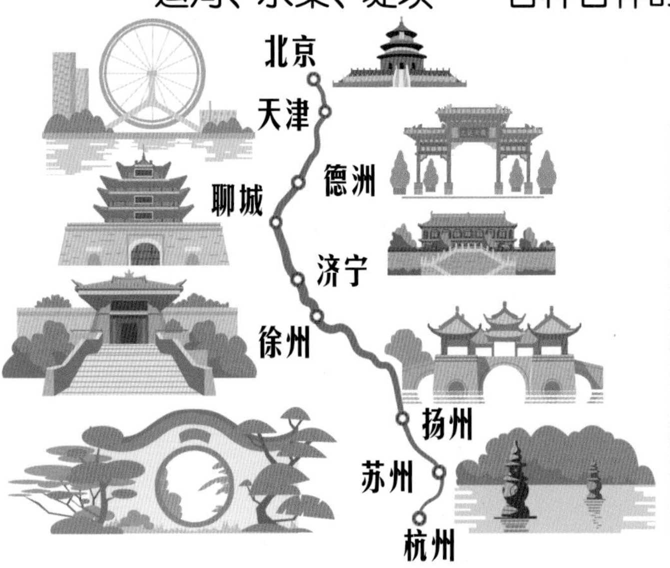

京杭大运河是一条古老的运河，至今还发挥着调水和通航的作用呢！

两千多年来，都江堰一直发挥着灌溉田地和阻止洪水的作用。

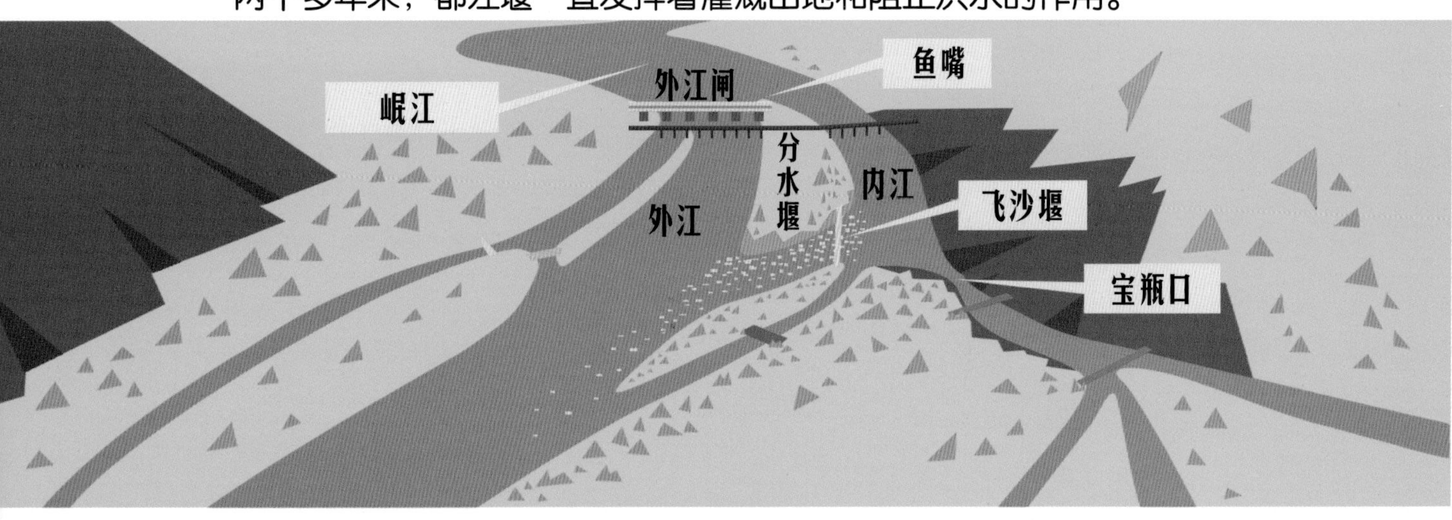

三峡水电站是世界上最大的水电站，它源源不断地为我们提供了大量的电。

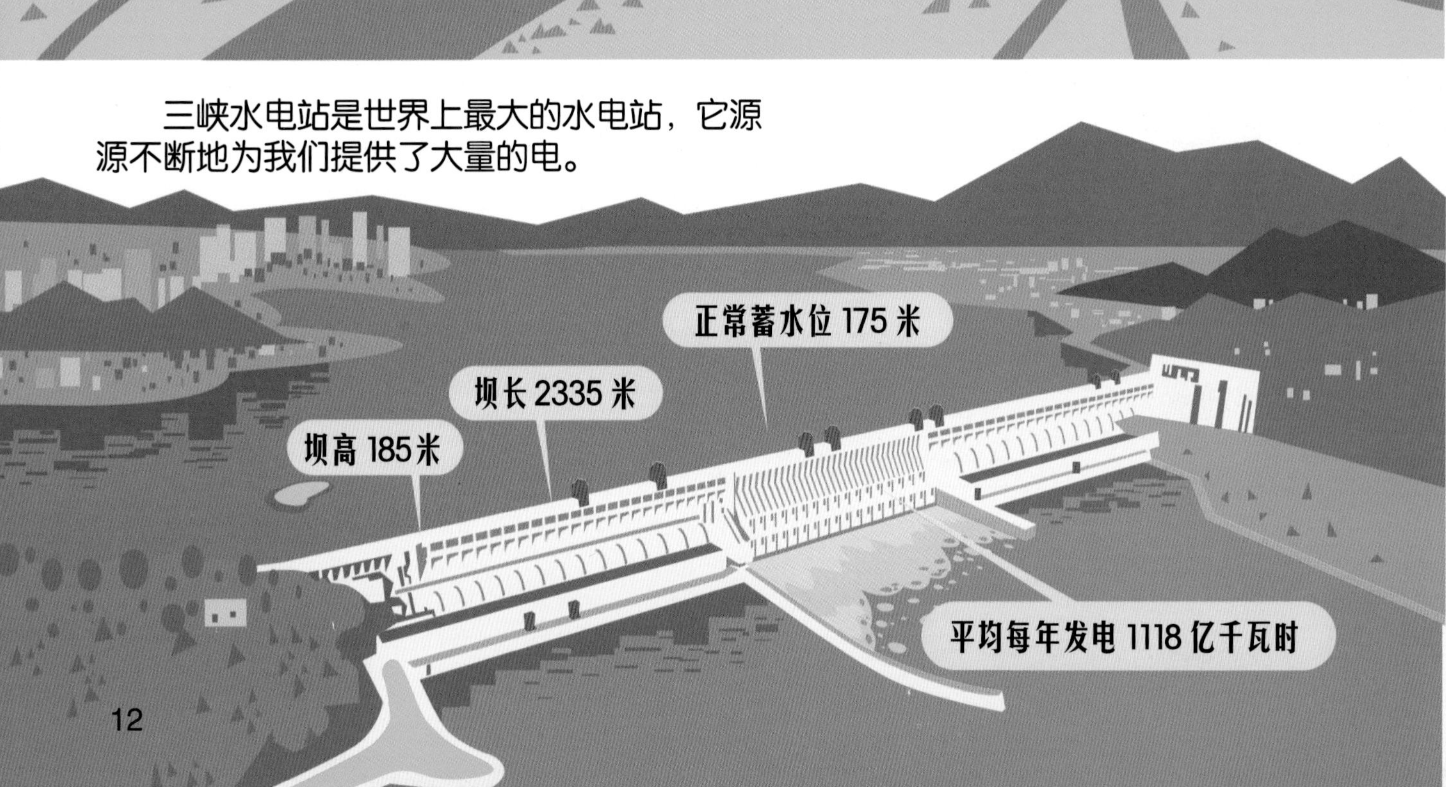

南水北调工程有三条路线，可以把我国南方丰富的水资源送到比较缺水的北方。

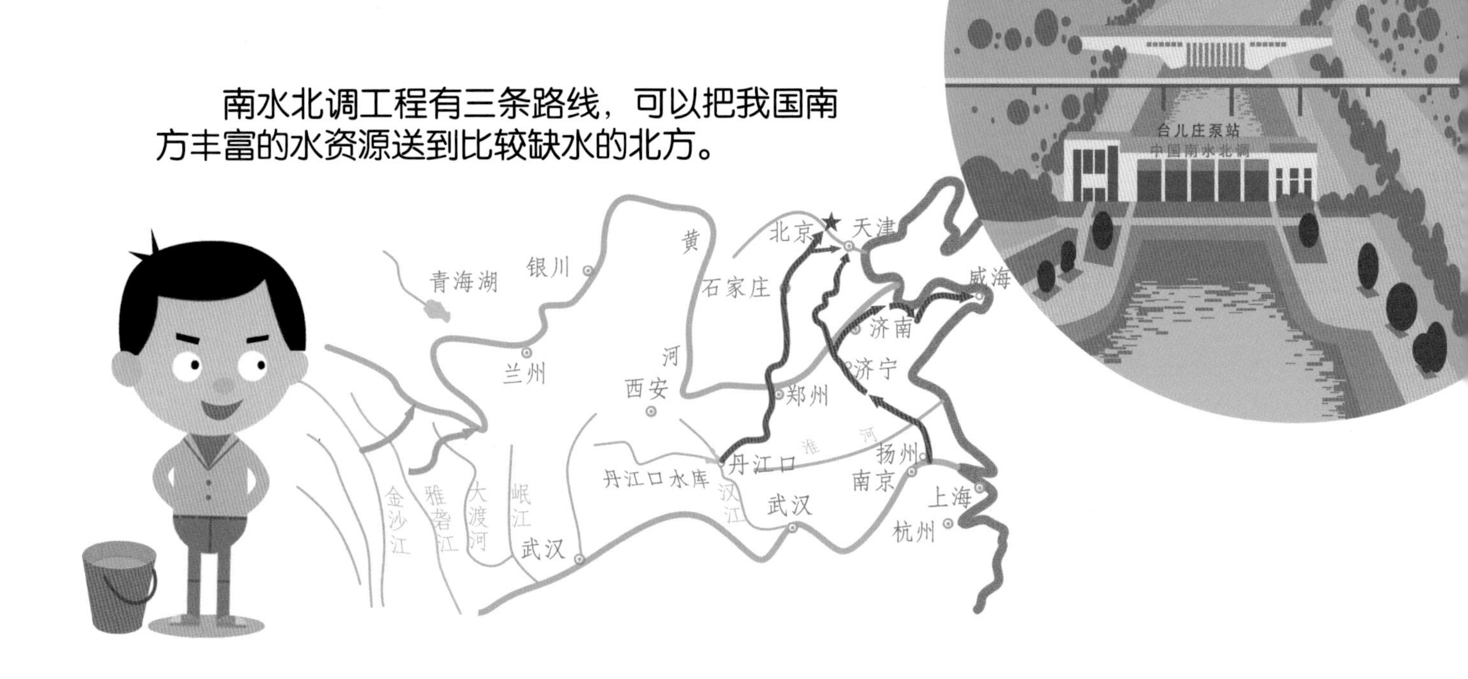

美国胡佛大坝建造时，使用了大量的混凝土，是大体积混凝土工程的典范。

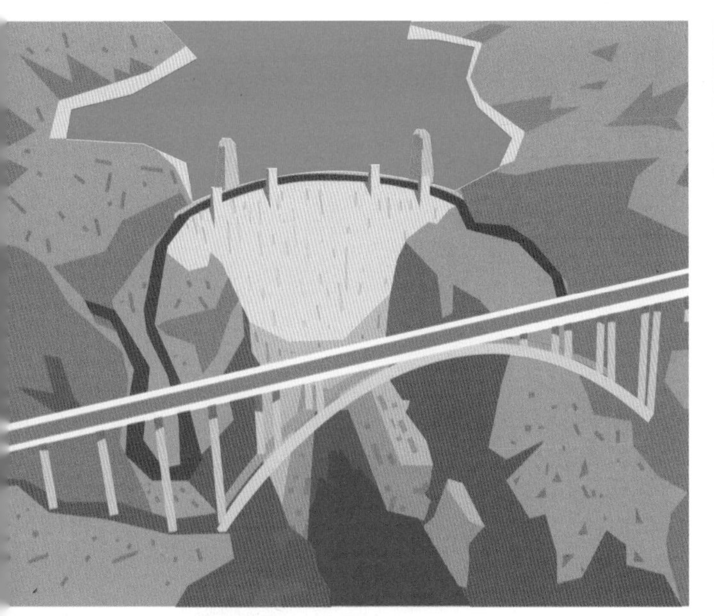

阿斯旺高坝建在了埃及古老的尼罗河上。

丘吉尔瀑布水电站的建造，动用了 6000 多人，整整花了 5 年才完成。

生物医学工程

很多医学设备和医疗技术都是生物医学工程的成果，它们让病人看见了希望。

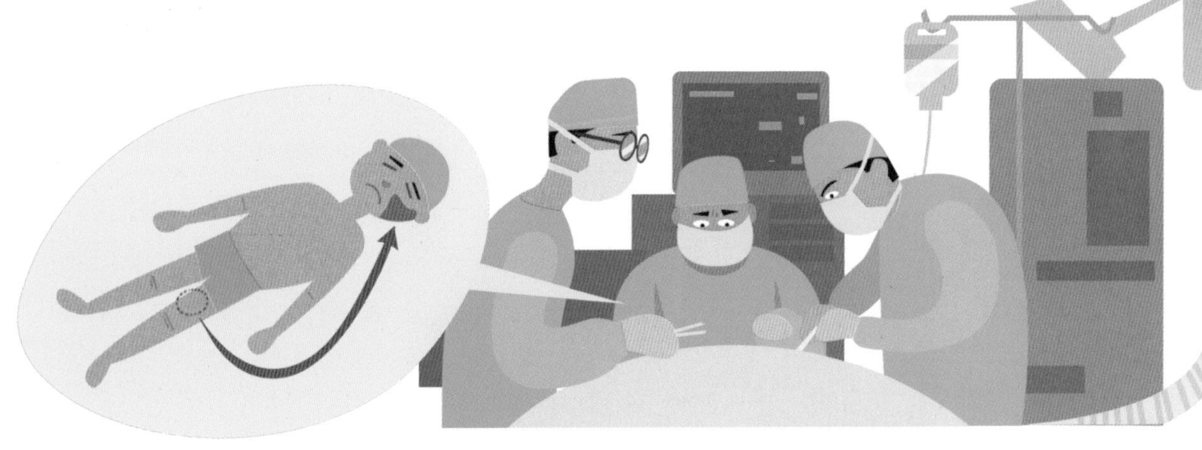

医生为烧伤病人植皮，帮助他度过难关。

戴上色盲眼镜后，男孩终于分清了红色和绿色。

患有近视的人，可以通过激光手术矫正视力。

机械假肢可以拿东西，还能感应温度呢！

用 3D 打印机打印假肢很便宜，能帮助更多有需要的人。

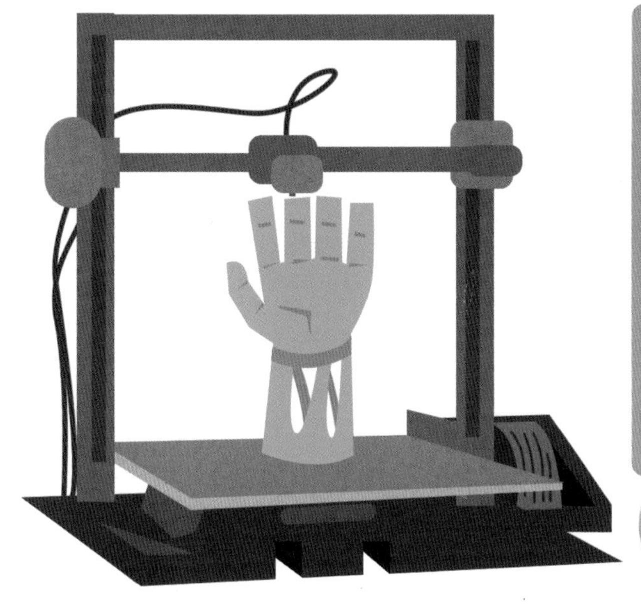

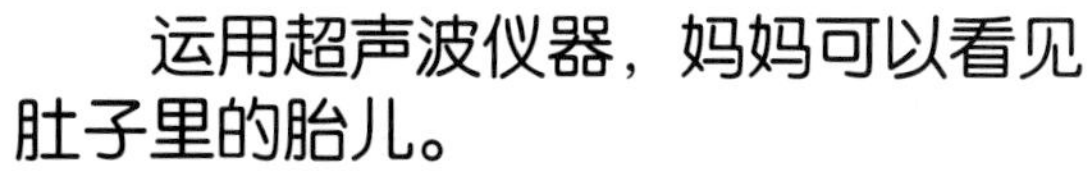

运用超声波仪器，妈妈可以看见肚子里的胎儿。

小巧的心脏起搏器，可以帮助心脏恢复正常的跳动。

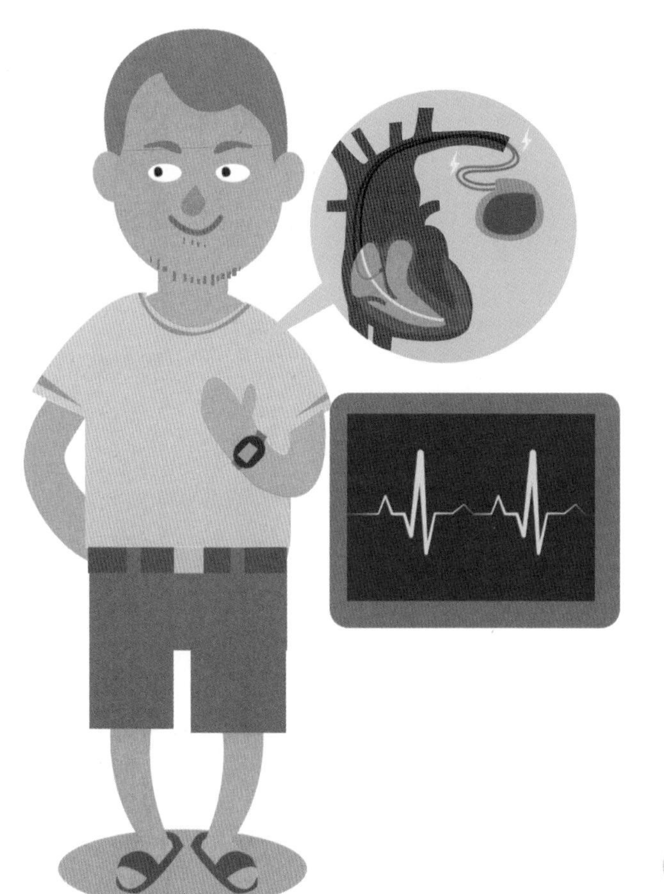

这是一位糖尿病病人，他需要注射胰岛素来治疗。

航空航天工程

飞机、火箭、卫星等，都是航空航天工程师的杰作。让我们一起来看看，他们是如何实现这些伟大探索的吧！

1903 年，美国的莱特兄弟制造并试飞了世界上第一架飞机“飞行者一号”。

飞机采用流线型的设计，可以减少飞机飞行时的阻力哦！

火箭可以摆脱地心引力，飞上神秘的太空。

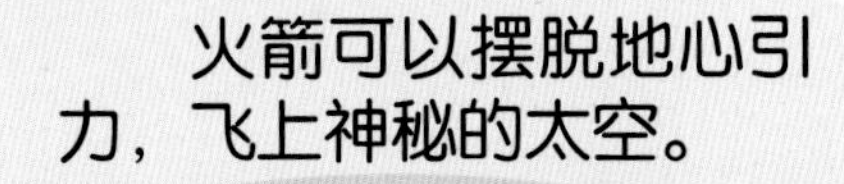

火箭的发动机可大了，燃料储备也很充足。

看，发动机一边向后喷气流，一边推着火箭飞上太空！

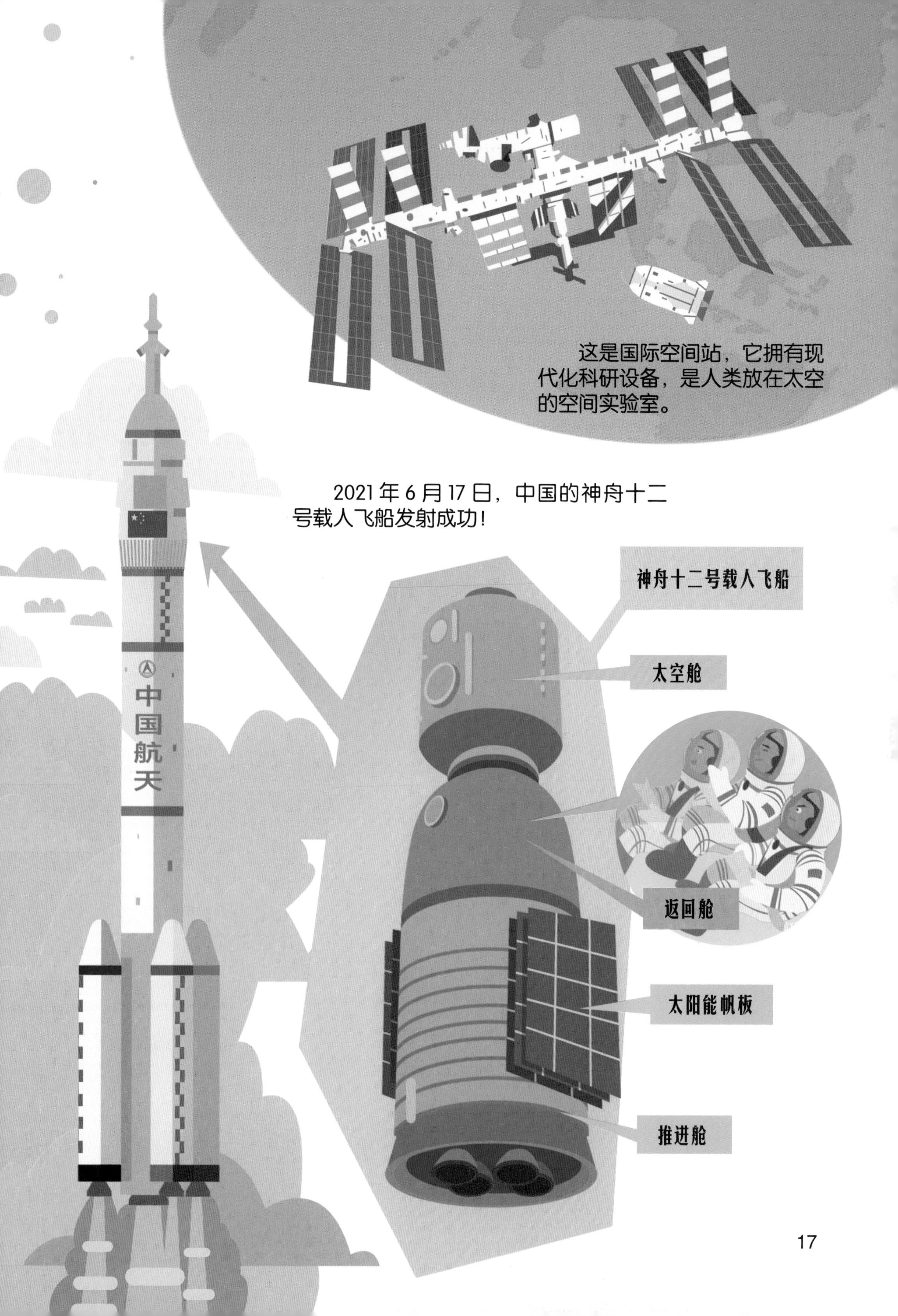
这是国际空间站，它拥有现代化科研设备，是人类放在太空的空间实验室。
2021 年 6 月 17 日，中国的神舟十二号载人飞船发射成功！
中国航天
神舟十二号载人飞船
太空舱
返回舱
太阳能帆板
推进舱

电子工程

有了智能手机、游戏机和计算机，我们如今的生活和娱乐变得非常方便。这些复杂的电子产品，都是由电子工程师设计出来的哦！

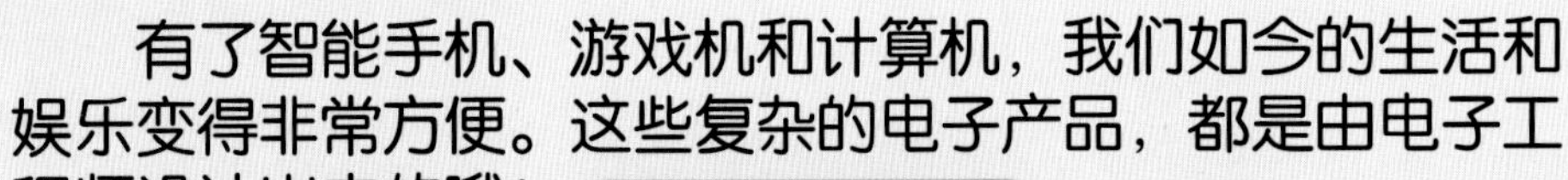

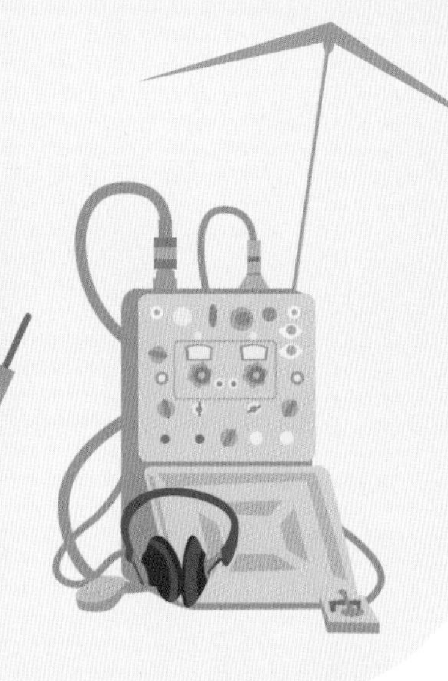

咦，这个黑色小盒子是什么？
+50
+50
+30
它是无线信号接收器，可以接收来自其他设备的信号。我们玩游戏时，无线信号接收器就能接收游戏手柄发出的信号！

随着电子工程的发展，智能手机的触摸屏诞生了。智能手机看起来很小巧，却能储存和处理数不胜数的信息。

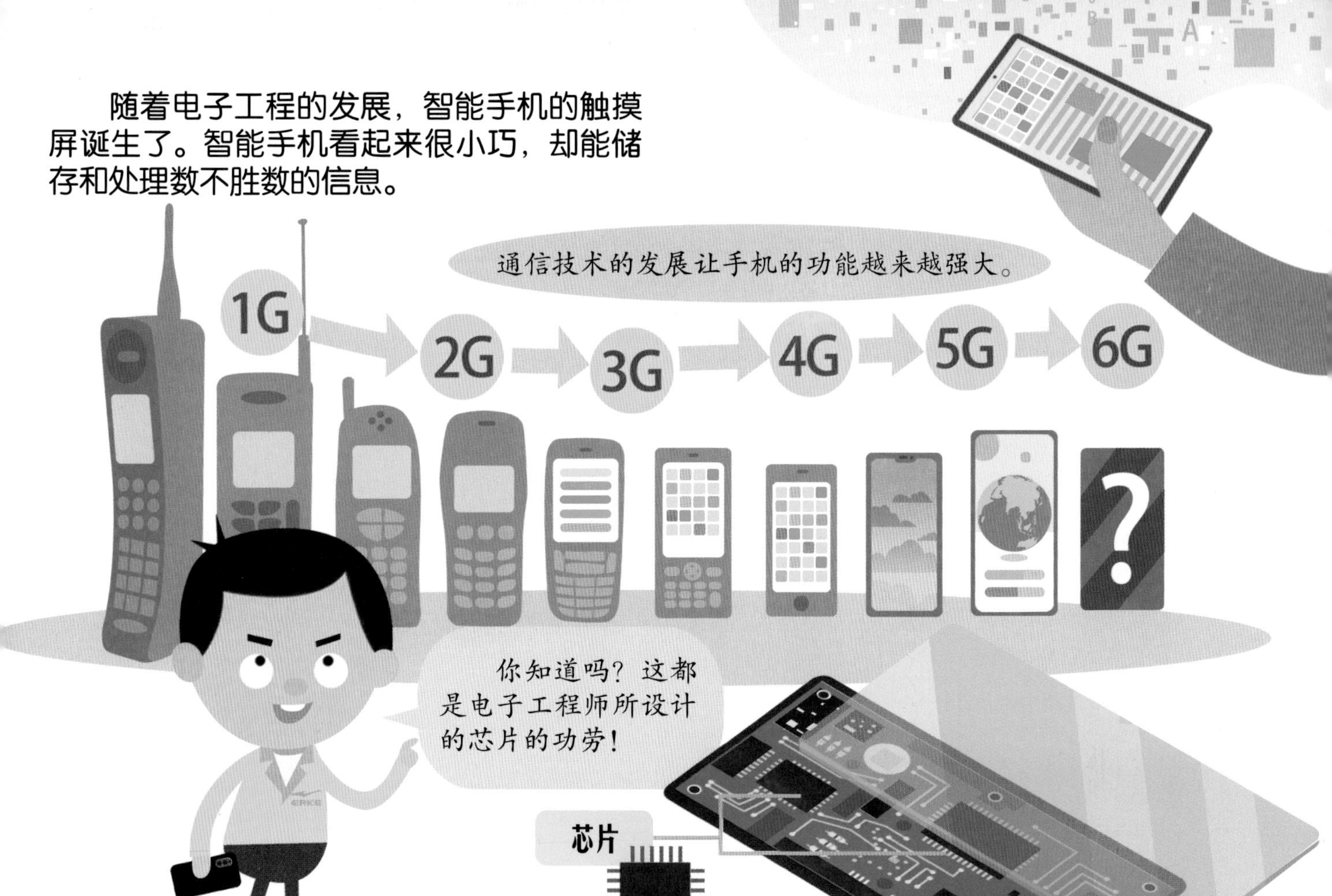

通信技术的发展让手机的功能越来越强大。
1G
2G
3G
4G
5G
6G
你知道吗？这都是电子工程师所设计的芯片的功劳！
芯片

计算机其实并不“聪明”，它只能一步一步地遵循简单的命令。电子工程师们会运用计算机的语言给它下命令，设计出各种应用程序。

机器人工程

机器人工程师会研发出各种类型的机器人。这些机器人可以辅助甚至替代人类，完成一些危险复杂的工作。

看，那个小小的机器人跨过了障碍物，真灵活！通过工程师的编程，机器人可以处理传感器收集到的信息。
处理器
激光雷达
毫米波雷达
伺服电机
步进电机
直流电机

“女武神”是美国航空航天局研发的一款仿人机器人。别看她身高只有 1.9 米左右，重量却将近 125 千克呢！“女武神”可能干了！她会爬楼梯和驾车，甚至还能应对核电站事故和探索太空。

在危险的海底，需要哨兵深海机器人为人类探测海洋。它们不怕风吹浪打，不怕水深流急，潜水技术比人类厉害得多。

蛇形机器人看起来就像一条蛇，它在复杂的地形上也可以灵活走动。

电影工程

在电影院里，我们可以轻松地看到各种类型的电影。但是，这短短的两小时背后却凝聚着一群人长期的心血。

你知道吗？电影工程从拍摄前就开始了。电影团队需要进行前期策划，并寻找有能力的编剧，写出吸引人的剧本。

之后，制片人会寻找合适的演员、场景等，确定具体的拍摄方案。

走进剧组，每个人都在忙自己的工作。灯光师在安排光线的角度，化装师在给演员们化装，摄影师在拍摄场景。

导演是电影工程的核心角色。他正细心地指导演员的表演呢！

拍摄结束后，剪辑师要把长长的电影素材精炼成两个小时左右的电影成片。

电影中的各种声音，是由专门的录音师和音效师负责的哦！

雕塑工程

小朋友们，你们认不认识这些著名的雕塑呀？雕塑，是充满艺术气息的工程。

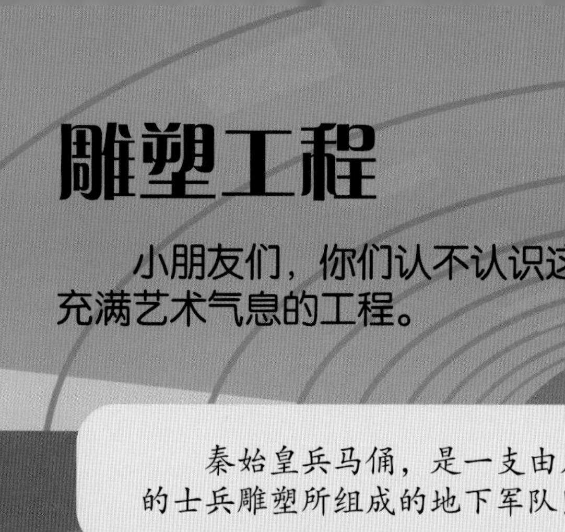

秦始皇兵马俑，是一支由几千个陶土制成的士兵雕塑所组成的地下军队！

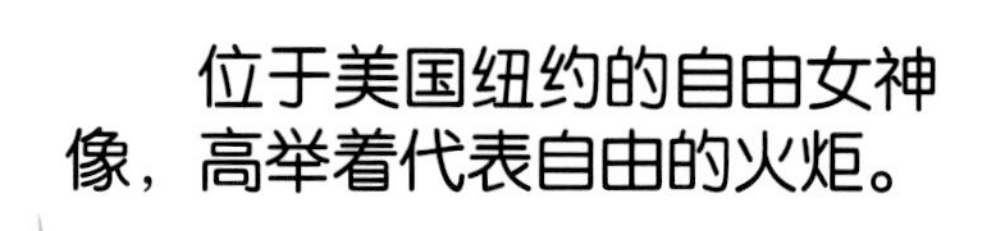

位于美国纽约的自由女神像，高举着代表自由的火炬。

狮子的身体，国王的脸庞，这座奇异的狮身人面像守在金字塔边。

在丹麦的海边，一座小美人鱼铜像坐在花岗岩上，望着大海。铜像的原型就是安徒生童话《海的女儿》里的小人鱼公主。

一个人安静地坐着，一只手撑着下巴，他在干什么呢？这是罗丹的雕塑，它塑造了一个认真思考的人。

米开朗琪罗的大卫雕像，生动地展现了男子强壮的身体和力量。

这座长着鱼尾巴和鱼身子的狮子雕像叫作“鱼尾狮”，它是新加坡的城市象征。

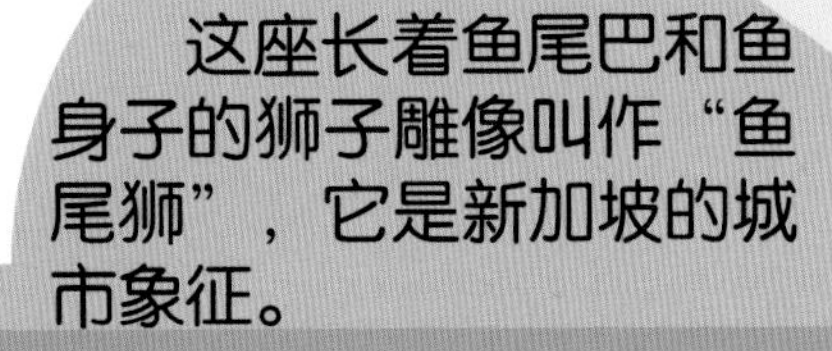

音乐工程

美妙的音乐能陶冶我们的情操。让我们走进音乐工程，了解音乐的诞生过程吧！

音乐工程，涉及作曲、录音、调音等方方面面的内容。

瞧，灵动的音符在曲谱上“跳动”。编曲工程师将几种乐器集中到一起，编配出动听的旋律。

录音棚里，流行乐队在演唱。在这里，除了音乐，你听不到其他的杂音。人们有的弹吉他，有的打鼓，有的主唱。

录音师坐在混音台前，认真地调试，合成混音。

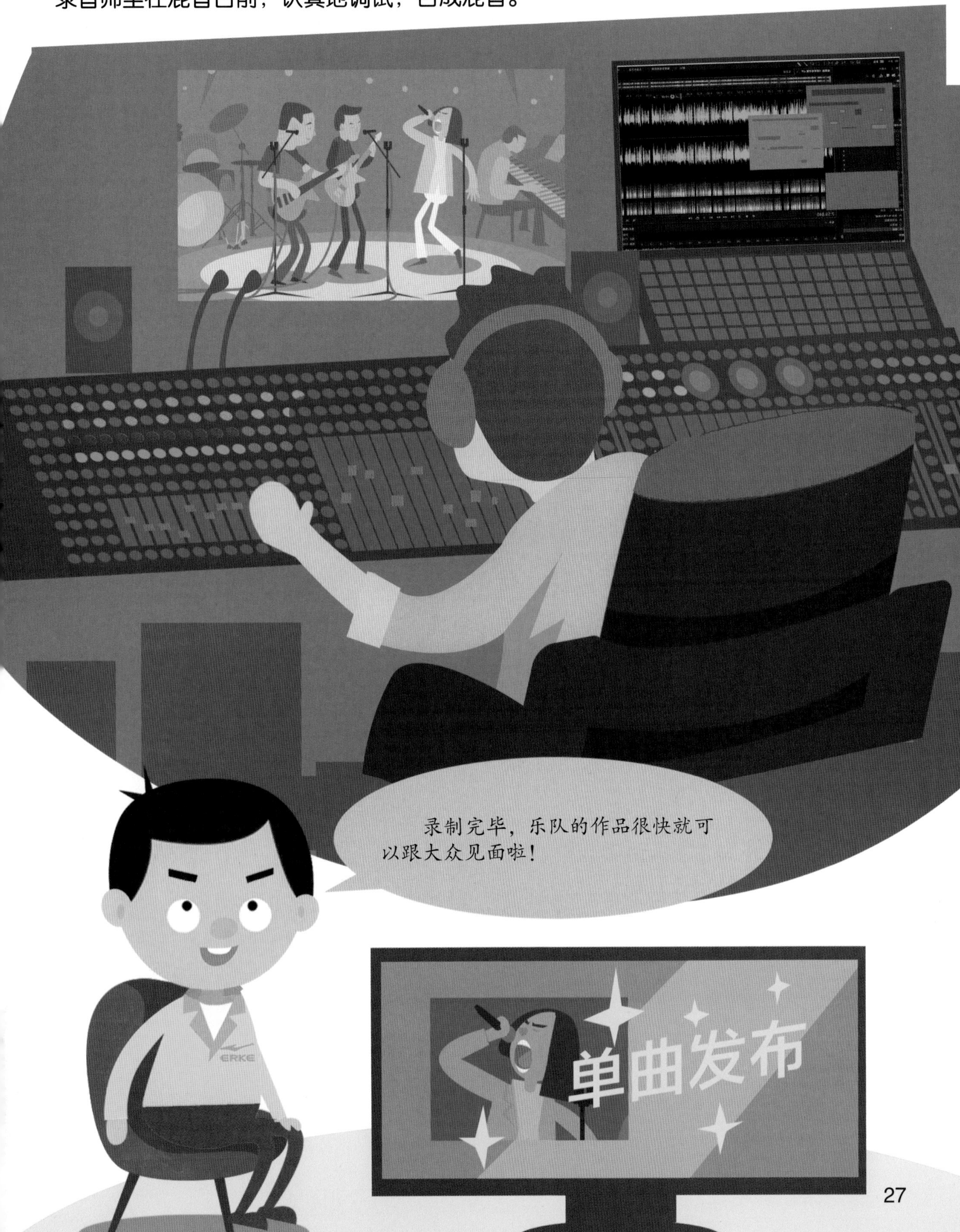
录制完毕，乐队的作品很快就可以跟大众见面啦！
ERKE
单曲发布

责任编辑　潘洁清
责任校对　朱晓波
责任印制　汪立峰

项目策划　北视国

图书在版编目（CIP）数据

揭秘工程 / 刘宝恒编著. -- 杭州 : 浙江摄影出版社, 2022.1
（小神童·科普世界系列）
ISBN 978-7-5514-3624-3

Ⅰ. ①揭… Ⅱ. ①刘… Ⅲ. ①工程技术－儿童读物 Ⅳ. ①TB-49

中国版本图书馆 CIP 数据核字（2021）第 235577 号

JIEMI GONGCHENG
揭秘工程
（小神童·科普世界系列）

刘宝恒　编著

全国百佳图书出版单位
浙江摄影出版社出版发行
地址：杭州市体育场路 347 号
邮编：310006
电话：0571-85151082
网址：www.photo.zjcb.com
制版：北京北视国文化传媒有限公司
印刷：唐山富达印务有限公司
开本：889mm×1194mm　1/16
印张：2
2022 年 1 月第 1 版　　2022 年 1 月第 1 次印刷
ISBN 978-7-5514-3624-3
定价：39.80 元